Sitzungsberichte
der Heidelberger Akademie der Wissenschaften
Stiftung Heinrich Lanz
Mathematisch-naturwissenschaftliche Klasse
Abteilung A.
Jahrgang 1924. 8. Abhandlung.

Zur
Differentialgeometrie der isotropen Kurven

Von
Julius Wellstein
in Karlsruhe (Baden).

Eingegangen am 29. Juli 1924
Vorgelegt von Herrn Krazer.

Berlin und Leipzig 1924
Walter de Gruyter & Co.
vormals G. J. Göschen'sche Verlagshandlung / J. Guttentag, Verlagsbuchhandlung / Georg Reimer / Karl J. Trübner / Veit & Comp.

Zur Differentialgeometrie der isotropen Kurven.

Literaturverzeichnis.

1. BECK H. Die Gruppe der Minimalgeraden. Leipz. Ber. (Math. Phys. Kl.) (1912) Bd. 64 S. 35—56.
2. BERWALD L. Über die Flächen mit einer einzigen Schar zueinander windschiefer Minimalgeraden. Sitzungsber. Bayr. Akad. d. Wiss. (Math. Phys. Kl.) 1913 S. 143—211.
3. CARTAN E. Les développables isotropes et la méthode du trièdre mobile. Comptes rendus Bd. 151 (1910) S. 919—922.
4. STUDY E. Zur Differentialgeometrie der analytischen Kurven. Trans. Amer. Math. Soc. Bd. 10 (1909) S. 1—49.
5. STUDY E. Die natürlichen Gleichungen der analytischen Kurven im Euklidischen Raume. Trans. Amer. Math. Soc. Bd. 11 (1910) S. 249—279.
6. STUDY E. Über einige imaginäre Minimalflächen. Leipz. Ber. (Math. Phys. Kl.) (1911) Bd. 63 S. 14—26.
7. STUDY E. Minimalkurven als Örter von Krümmungsmittelpunkten.
8. STUDY E. Minimalkurven und Serretsche Flächen. 7. u. 8.: Amer. Journ. of Math. Bd. 32 (1910) S. 257—278.
9. VESSIOT E. Sur les courbes minima. Comptes rendus Bd. 140 (1905) S. 1381—1384.

Die vorliegende Arbeit[1]) beabsichtigt, die bei anisotropen Kurven üblichen Untersuchungsmethoden und Begriffsbildungen auf die isotropen Kurven, soweit als möglich, zu übertragen; sie schließt sich an die (später zitierten) Arbeiten von E. STUDY an und setzt deren wesentliche Ergebnisse als bekannt voraus.

§ 1. Analytische Hilfsmittel.

1. Der Raum werde durch Cartesische Koordinaten auf ein rechtwinkliges Koordinatensystem bezogen; zur Darstellung der Relationen zwischen diesen Koordinaten sei die Studysche, der Invariantentheorie entnommene Bezeichnungsweise[2]) verwandt. Häufig zu benutzen sind die Identitäten:

$$(1)\qquad (abc)(x/w) = (bcx)(a/w) + (cax)(b/w) + (abx)(c/w)$$

$$(2)\qquad (abc)(x/w) = (c/x)(abw) + (a/x)(bcw) + (b/x)(caw).$$

[1]) Auszug aus der gleichbetitelten Habilitationsschrift des Verfassers, welche auf der Bibliothek der Technischen Hochschule Karlsruhe hinterlegt ist.

[2]) Vgl. E. STUDY [L. 4] § 1, 2.

Dreht man das Tetraeder, das vom Koordinatenanfang O und den Punkten (1, 0, 0), (0, 1, 0), (0, 0, 1) gebildet wird, um seine Spitze (den Punkt O) und bezeichnet die nach den neuen Eckpunkten gehenden Vektoren mit e_1, e_2, e_3, so bestehen zwischen diesen Vektoren die Normierungsbeziehungen:

$$(3\,a) \qquad (e_1/e_1) = (e_2/e_2) = (e_3/e_3) = 1, \quad (e_1/e_2) = (e_2/e_3) = (e_3/e_1) = 0$$

$$(3\,b) \qquad (e_\lambda\, e_\mu\, w) = (e_\nu/w), \quad (e_1\, e_2\, e_3) = 1,$$

wo λ, μ, ν eine zyklische Permutation von 1, 2, 3 ist. Die Richtungen der Vektoren stehen paarweise aufeinander senkrecht, oder, projektiv aufgefaßt, ihre uneigentlichen Punkte bilden ein Poldreieck des a. K. (absoluten Kegelschnittes), sie bilden ein „normales Dreikant", die Figur der gemäß (3a, b) normierten Vektoren ein „normales Tetraeder". Zu gegebener Spitze gehören ∞^3 (zueinander kongruente) normale Tetraeder. Ist X der Ortsvektor eines Punktes $\underset{\sim}{X}$, so liefert (nach (2) und (3)):

$$(4) \qquad (X/w) = (X/e_1)\,(e_1/w) + (X/e_2)\,(e_2/w) + (X/e_3)\,(e_3/w)$$

dessen Komponentenzerlegung bezüglich der Koordinatenachsen e_1, e_2, e_3.

2. Das quasinormale Dreikant. Die so formulierten Sätze lassen sich ohne weiteres übertragen auf eine Klasse von Tetraedern und durch sie bestimmten Dreikanten, die nur im engeren, projektiven Sinne den „normalen" beigerechnet werden können, ohne zu ihnen kongruent zu sein.[1]) Die Figur dreier von einem Punkte (Spitze) ausgehenden Vektoren a, b, c heiße ein „quasinormales Tetraeder", die durch sie bestimmten Richtungen die Kanten eines „quasinormalen Dreikantes", wenn dieses Tetraeder zu dem von den Punkten O, $(\frac{i}{2}, \frac{1}{2}, 0)$, $(0, 0, -i)$, $(i, -1, 0)$ gebildeten (in dieser Reihenfolge der Eckpunkte) kongruent ist. Die Richtungen der Vektoren a, c sind isotrop, die des Vektors b ist anisotrop und zu den beiden anderen senkrecht; die uneigentlichen Punkte der Kanten bilden ein Poldreieck des a. K. in dem Sinne, daß zwar die Ecken die Pole der Seiten sind, daß aber nicht jede Seite ihrem Pole „gegenüberliegt"; diese Tatsache soll die Bezeichnung quasinormal ausdrücken.

Zwischen den Vektoren a, b, c bestehen die „Normierungsbedingungen":

$$(5a) \qquad (a/a) = (c/c) = (a/b) = (c/b) = 0; \; (b/b) = (c/a) = -1$$

$$(5b) \qquad (a\,b\,w) = -(a/w); \; (b\,c\,w) = -(c/w); \; (c\,a\,w) = -(b/w); \; (a\,b\,c) = 1$$

[1]) Dieses Dreikant wird bei E. STUDY [L. 5] S. 257 systematisch eingeführt; siehe auch E. VESSIOT [L. 9] S. 1382.

deren zweite Gruppe zu (3b) analog ist und die polare Beziehung bezüglich des a. K. ausdrückt. Je drei diesen Bedingungen genügende (kürzer: normierte) Vektoren a, b, c bilden ein quasinormales Tetraeder (gehören zu einem quasinormalen Dreikant), z. B. die Vektoren:

$$(6)\quad (a/w) = \tfrac{1}{2}\varrho\,(i\,e_1 + e_2/w);\ (b/w) = -i\,(e_3/w);\ (c/w) = \tfrac{1}{\varrho}\,(i\,e_1 - e_2/w).$$

Dreht man ein solches Tetraeder um die Richtung der Kante (b) um den aus $e^{i\theta} = \varrho$ bestimmten Winkel θ, so geht es in das Tetraeder ϱa, b, $\frac{1}{\varrho}c$ über; es gibt ∞^3 quasinormale Tetraeder mit gemeinsamer Spitze (vgl. Nr. 5).

Vermöge der Identitäten (1) und (5) bestehen die häufig gebrauchten Identitäten

$$(7)\quad -(a\,b\,c)\,(X/w) = -(X/w) = (X/c)\,(a/w) + (X/b)\,(b/w) + (X/a)\,(c/w),$$

welche den Vektor X in die Komponenten nach den Achsen a, b, c zerlegen, sowie

$$(8)\qquad -(X/X) = (X/b)^2 + 2\,(X/a)\,(X/c).$$

Setzt man, für spätere Anwendungen gleichzeitig homogenisierend:

$$(9)\qquad k\,\mathfrak{X}_1 = (X/c),\ k\,\mathfrak{X}_2 = (X/b),\ k\,\mathfrak{X}_3 = (X/a),\ k\,\mathfrak{X}_4 = X_4,$$

so können die Größen $\mathfrak{X}$ als isotrope Koordinaten des Punktes X bezeichnet werden, und

$$(10)\qquad \mathfrak{X}_2^2 + 2\,\mathfrak{X}_1\,\mathfrak{X}_3 = 0,\ \mathfrak{X}_4 = 0$$

ist dann die Gleichung des a. K. in diesen Koordinaten.

§ 2. Bewegungsgruppen.

3. Die sechsgliedrige Gruppe der euklidischen Bewegungen wird, mit Benutzung isotroper Koordinaten, durch die Gleichungen

$$(1)\quad \begin{aligned}
\varrho\,\overline{\mathfrak{X}}_1 &= \lambda_1^2\,\mathfrak{X}_1 - \lambda_1\,\mu_1\sqrt{-2}\,\mathfrak{X}_2 + \mu_1^2\,\mathfrak{X}_3 + s_1\,\mathfrak{X}_4\\
\varrho\,\overline{\mathfrak{X}}_2 &= \lambda_1\,\lambda_2\sqrt{-2}\,\mathfrak{X}_1 + (\lambda_1\,\mu_2 + \lambda_2\,\mu_1)\,\mathfrak{X}_2 + \mu_1\,\mu_2\sqrt{-2}\,\mathfrak{X}_3 + s_2\,\mathfrak{X}_4\\
\varrho\,\overline{\mathfrak{X}}_3 &= \lambda_2^2\,\mathfrak{X}_1 - \lambda_2\,\mu_2\sqrt{-2}\,\mathfrak{X}_2 + \mu_2^2\,\mathfrak{X}_3 + s_3\,\mathfrak{X}_4\\
\varrho\,\overline{\mathfrak{X}}_4 &= (\lambda_1\,\mu_2 - \lambda_2\,\mu_1)\,\mathfrak{X}_4
\end{aligned}$$

mit $\lambda_1\,\mu_2 - \lambda_2\,\mu_1 \neq 0$ dargestellt. Diese Gruppe induziert auf dem a. K. Projektivitäten, die zwei getrennte oder zusammenfallende Doppelpunkte haben können.

4. Damit einer dieser Doppelpunkte in den Punkt F_u $(1:0:0:0)$, also in den uneigentlichen Punkt der isotropen Richtung a falle, muß $\lambda_2 = 0$ sein, und dieser Punkt ist einziger Doppelpunkt auf dem a. K., wenn $\mu_2 = \lambda_1$ ist. Die Kollineation der uneigentlichen Ebene hat alsdann F_u zum dreifachen Doppelpunkt, welcher kurz als Fundamen-

talpunkt der Bewegung bezeichnet werden möge. Unter diesen Bedingungen wird, wenn noch λ statt λ_1, μ statt $-\mu_1\sqrt{-2}$ geschrieben wird:

$$
(2) \qquad \begin{aligned}
\varrho\,\overline{\mathfrak{X}}_1 &= \lambda^2\,\mathfrak{X}_1 + \lambda\mu\,\mathfrak{X}_2 - \tfrac{1}{2}\mu^2\,\mathfrak{X}_3 + s_1\,\mathfrak{X}_4 \\
\varrho\,\overline{\mathfrak{X}}_2 &= \lambda^2\,\mathfrak{X}_2 - \lambda\mu\,\mathfrak{X}_3 + s_2\,\mathfrak{X}_4 \\
\varrho\,\overline{\mathfrak{X}}_3 &= \lambda^2\,\mathfrak{X}_3 + s_3\,\mathfrak{X}_4 \\
\varrho\,\overline{\mathfrak{X}}_4 &= \lambda^2\,\mathfrak{X}_4
\end{aligned}
$$

die Darstellung der viergliedrigen Gruppe aller Bewegungen mit demselben Fundamentalpunkte F_u, welche kurz eine parabolische Bewegungsgruppe heiße.

5. Isotrope Drehungen und Schraubungen. Die Kanten a, b, c des quasinormalen Tetraeders, auf das die isotropen Koordinaten sich beziehen, gehen durch eine Bewegung der Gruppe (1) über in die Kanten $\bar{a}, \bar{b}, \bar{c}$ eines kongruenten Tetraeders. Der rotatorische Bestandteil der Bewegung läßt sich nach (1) durch die Formeln wiedergeben:

$$
(3) \qquad \begin{aligned}
(\lambda_1\mu_2 - \lambda_2\mu_1)(\bar{a}/w) &= \lambda_1^2\,(a/w) + \lambda_1\lambda_2\sqrt{-2}\,(b/w) + \lambda_2^2\,(c/w) \\
(\lambda_1\mu_2 - \lambda_2\mu_1)(\bar{b}/w) &= -\lambda_1\mu_1\sqrt{-2}\,(a/w) + (\lambda_1\mu_2 + \lambda_2\mu_1)(b/w) - \lambda_2\mu_2\sqrt{-2}\,(c/w) \\
(\lambda_1\mu_2 - \lambda_2\mu_1)(\bar{c}/w) &= \mu_1^2\,(a/w) + \mu_1\mu_2\sqrt{-2}\,(b/w) + \mu_2^2\,(c/w).
\end{aligned}
$$

Insbesondere ergibt sich für $\lambda_1 = \mu_2 = 0$, $-\frac{\lambda_2}{\mu_1} = \varrho$ die Bewegung:

$$
(4) \qquad (\bar{a}/w) = \varrho\,(c/w),\ (\bar{b}/w) = -(b/w),\ (\bar{c}/w) = \tfrac{1}{\varrho}\,(a/w),
$$

eine Umwendung um die Gerade $a + \varrho c$. Dagegen liefert die Annahme $\lambda_2 = \mu_1 = 0$, $\frac{\lambda_1}{\mu_2} = \varrho$ die bereits in Nr. 2 erwähnte Drehung $(\bar{a}/w) = \varrho\,(a/w)$, $(\bar{b}/w) = (b/w)$, $(\bar{c}/w) = \frac{1}{\varrho}\,(c/w)$ um die Achse (b).

Sind umgekehrt zwei quasinormale Tetraeder a, b, c; $\bar{a}, \bar{b}, \bar{c}$ mit gemeinsamer Spitze gegeben, so lassen sich aus (3) stets die Verhältnisse $\lambda_1 : \lambda_2$, $\mu_1 : \mu_2$ berechnen, und dadurch ist eine Bewegung bestimmt, welche die Tetraeder ineinander überführt, d. h. die Tetraeder sind zueinander kongruent.

Die parabolische Drehung des Tetraeders um O wird, falls man in (2) $-\frac{\mu}{\lambda} = \theta$ setzt, gegeben durch:

$$
(5) \qquad (\bar{a}/w) = (a/w),\ (\bar{b}/w) = -\theta\,(a/w) + (b/w),\ (\bar{c}/w) = -\tfrac{1}{2}\theta^2\,(a/w) + \theta\,(b/w) + (c/w),
$$

und wenn man noch $(p/w) = -\frac{1}{\lambda^2}\left\{s_1\,(a/w) + s_2\,(b/w) + s_3\,(c/w)\right\}$ setzt, so wird die parabolische Bewegung des Raumes dargestellt durch

(6) $(\overline{X}/w) = (X|w) + \theta\,(a\,X\,w) + \frac{1}{2}\,\theta^2\,(a/X)\,(a/w) + (p/w).$[1])

Es lassen sich hier folgende Fälle unterscheiden:

I. $\theta \neq 0,\ (p/a) \neq 0.$

Die Bewegung hat, als Kollineation aufgefaßt, den Punkt F_u zum vierfachen Doppelpunkt, die Tangente des a. K. in F_u zur vierfachen Doppelgeraden, deren Punkte durch eine parabolische Projektivität transformiert werden. Da diese Eigenschaft auch bei den gewöhnlichen Bewegungen nur der Schraubungsachse zukommt[2]), so kann die Gerade als (uneigentliche) Schraubungsachse, die Bewegung als isotrope Schraubung[3]) bezeichnet werden.

II. $\theta \neq 0,\ (p/a) = 0.$

Zu den im vorigen Falle vorhandenen Doppelelementen tritt noch eine (eigentliche) isotrope Gerade (g) von Doppelpunkten, welche durch F_u geht, nämlich die Gerade: $(Y|w) = \frac{1}{\theta}\,(p\,c\,w) + \frac{1}{2}\,(p/b)\,(b/w) + t\,(a/w),$ t willkürlich veränderlich. Drehung um die isotrope Gerade (g), oder kürzer isotrope Drehung.

III. $\theta = 0,\ (p/w) \not\equiv 0$ anisotrope oder isotrope Schiebung.

IV. $\theta = 0,\ (p/w) \equiv 0$ identische Transformation.

§ 3. Isotrope Kurven.

6. Die isotropen (unebenen) Kurven (Minimalkurven) sind bei beliebiger Parameterdarstellung durch folgende Differentialgleichungen und -Ungleichungen definiert[4]):

$$(1\text{a})\qquad \left(\frac{dX}{dt}\Big|\frac{dX}{dt}\right)\quad 0,\ (1\text{b})\ \left(\frac{dX}{dt},\ \frac{d^2X}{dt^2},\ \frac{d^3X}{dt^3}\right) \not\equiv 0,$$

aus denen das Bestehen der Beziehungen:

$$(2\text{a})\ \left(\frac{dX}{dt}/w\right) \not\equiv 0,\ (2\text{b})\ \left(\frac{dX}{dt}\,\frac{d^2X}{dt^2}\,w\right) \not\equiv 0,\ (2c)\ \left(\frac{dX}{dt}\,\frac{d^2X}{dt^2}\Big|\frac{dX}{dt}\,\frac{d^2X}{dt^2}\right)\quad 0$$

folgt, und umgekehrt haben die Relationen (1a), (2a, b) die übrigen zur Folge. An den Stellen allgemeiner Lage, d. h. in denen die Ungleichungen (1b) (2a, b) nicht verletzt sind, existiert eine zweiwertige

---

[1]) Die Formeln für die bei $p = 0$ hierin enthaltene Drehungsgruppe finden sich in spezieller Koordinatendarstellung bei E. Study [L. 6] S. 26.

[2]) Auf den anderen Fundamentalgeraden der gewöhnlichen Bewegungen werden nichtparabolische oder identische Projektivitäten induziert.

[3]) Sie darf nicht mit der von H. Beck [L. 1] S. 46 definierten Minimalschraubung verwechselt werden; diese bezeichnen wir hier als isotrope Drehung.

[4]) E. Study [L. 4] § 6; [L. 5] § 2, insbesondere das Formelsystem (1—3).

Integralinvariante, ein **natürlicher Parameter** p, der durch die Differentialgleichungen:

$$(3)\qquad \left(\frac{dp}{dt}\right)^2 = -\frac{\left(\frac{dX}{dt}\frac{d^2X}{dt^2}w\right)}{\left(\frac{dX}{dt}/w\right)}$$ definiert werden kann.

Mit der Kurve invariant verbunden ist ein Tripel normierter Vektoren a, b, c, die zu einem quasinormalen Dreikant gehören, nämlich der

$$(4)\qquad \begin{aligned} &\text{Tangente} && (a/w) = \left(\frac{dX}{dp}/w\right) \\ &\text{Hauptnormale} && (b/w) = \left(\frac{d^2X}{dp^2}/w\right) \\ &\text{Nebennormale} && (c/w) = \tfrac{1}{2}\,\Phi\,(a/w) - \left(\frac{d^3X}{dp^3}/w\right). \end{aligned}$$

Hierbei ist

$$(5)\qquad \Phi(p) = \left(\frac{d^3X}{dp^3}\Big/\frac{d^3X}{dp^3}\right)$$

die **charakteristische Invariante** der Kurve, das quadrierte Krümmungsmaß ihres Tangentenbildes $(Y/w) = \left(\frac{dX}{dp}/w\right)$, eine absolute Bewegungsinvariante, die bei Umlegungen ihr Vorzeichen wechselt. An den Stellen allgemeiner Lage existieren ferner die

$$(4\,a)\qquad \begin{aligned} &\text{Schmiegebene:} && (Y - X/a) = 0 \\ &\text{Rektifizierende Ebene:} && (Y - X/b) = 0 \end{aligned}$$ der Kurve.[1]

7. **Bestimmung aus der natürlichen Gleichung.** Die Koordinaten der isotropen Kurve genügen einem System von linearen homogenen Differentialgleichungen 4. Ordnung, aus dem sich die folgenden Analogien der Frenet-Serretschen Formeln[2]) für das begleitende Dreikant a, b, c ergeben:

$$(6)\qquad \left(\frac{da}{dp}/w\right) = (b/w);\ \left(\frac{db}{dp}/w\right) = (\tfrac{1}{2}\,\Phi a - c/w);\ \left(\frac{dc}{dp}/w\right) = -\tfrac{1}{2}\,\Phi\,(b/w).$$

---

[1]) Bemerkenswert ist folgender Zusammenhang mit der affinen Differentialgeometrie, falls man deren Begriffsbildungen (vgl. W. BLASCHKE, Vorl. über Diff.-Geometrie II (1923) § 29, 30, 34) auf das Komplexe überträgt:

Der natürliche Parameter p einer isotropen Kurve ist zugleich (bis auf einen Faktor ε, $\varepsilon^6 + 1 = 0$) einer ihrer Affinbogen, demnach die Hauptnormale gleichzeitig affine Hauptnormale, $\varepsilon^4\,\Phi$ und $\frac{1}{2}\,\varepsilon^3\,\frac{d\Phi}{dp}$ sind zusammengehörige Werte der Affinkrümmung bzw. der Affinwindung der Kurve, die demnach (auch) affingeometrisch zu den Böschungslinien gehört.

[2]) E. STUDY [L. 5] S. 254—257.

Ist Φ als analytische Funktion von p gegeben (natürliche Gleichung der Kurve), so gehört zu Φ eine Klasse zueinander kongruenter Kurven, deren Bestimmung von E. STUDY auf eine Riccatische Gleichung zurückgeführt worden ist.[1]) Hier sei ein anderes Verfahren mitgeteilt:

Sind f und g zwei linear unabhängige Lösungen der Differentialgleichung:

$$(7) \qquad 4\frac{d^2u}{dp^2} = \Phi(p)\cdot u,$$

sind ferner $\mathfrak{a}, \mathfrak{b}, \mathfrak{c}$ die normierten Vektoren eines festen quasinormalen Dreikantes, so liefert die Gleichung

$$(8) \qquad (X|w) = \frac{1}{fg'-f'g}\left\{\int f^2 dp\cdot(\mathfrak{a}|w) + \int fg dp\cdot(\mathfrak{b}|w) - \tfrac{1}{2}\int g^2 dp\cdot(\mathfrak{c}|w)\right\}$$

ein Exemplar der zur natürlichen Gleichung $\Phi(p)$ gehörigen Kurvenklasse. Ersetzt man die Lösungen f, g durch zwei andere, linear unabhängige, so kommt dies auf eine Drehung des Dreikants $\mathfrak{a}, \mathfrak{b}, \mathfrak{c}$ um seine Spitze heraus.

8. Zu der natürlichen Gleichung $\Phi \equiv 0$ gehören, wie aus (7), (8) hervorgeht, Raumkurven 3. Ordnung, die sogenannten LYONschen isotropen Schraubenlinien, die später (Nr. 12) behandelt werden.

Die Gleichung $\Phi = const \neq 0$ führt dagegen auf die transzendenten isotropen Schraubenlinien (M_i), deren wichtigste Eigenschaften aufgezählt seien:

Zu einer Schraubung des Raumes um die Achse e_3 eines Dreikants normaler (anisotroper) Vektoren $e_1\, e_2\, e_3$ von der Ganghöhe $2\pi k$ gehört die gemeine oder MEUSNIERsche Schraubenfläche (Minimalfläche) $[M]$, die durch die Gleichungen

$$(9) \qquad (X|w) = q\left\{\cos\frac{p}{\sqrt{k}}(e_1|w) + \sin\frac{p}{\sqrt{k}}(e_2|w)\right\} + p\sqrt{k}\,(e_3|w)$$

dargestellt werden kann. Die Kurven $p = const.$ sind die geradlinigen Erzeugenden der Fläche und schneiden die Achse e_3 unter rechten Winkeln; sie sind die Hauptnormalen der Kurven $q = const.$, $q^2 + k^2 \neq 0$, der unebenen gemeinen Schraubenlinien (M). Jede dieser Kurven liegt auf dem Drehzylinder mit der Achse e_3 und dem quadrierten Radius q^2; dieser Drehzylinder hat mit (M) eine zweite Kurve $(\overline{M})$ gemeinsam, die in die erste durch eine Umwendung um die Achse e_3 übergeht. Irgend zwei der Schraubenlinien (M) bilden ein BERTRANDsches Kurvenpaar. Die zuvor ausgeschlossenen Kurven $q^2 + k^2 = 0$ sind isotrope Schraubenlinien (M_i) mit der natürlichen Gleichung $\Phi = -\frac{1}{k^2}$, und zwar ist (9) eine Darstellung durch einen ihrer natür-

[1]) E. STUDY [L. 5] S. 254—257.

lichen Parameter p. Die Hauptnormalen von (M_i) sind wiederum die Erzeugenden der Fläche $[M]$, und es gilt alles oben Gesagte auch von den Kurven (M_i). Zu jeder dieser Kurven gehört eine BERTRANDsche $(\overline{M}_i)$ (auf dem Drehzylinder vom Radiusquadrat $-k^2$) sowie einfach-unendlich viele BERTRANDsche $(\overline{M})$, die alle auf den orientierten Hauptnormalen von (M_i) konstante Strecken abschneiden. Diese Analogie der Eigenschaften rechtfertigt bereits die Einführung des Namens Hauptnormale.

9. Beispiel. Es sei die zu der natürlichen Gleichung

$$(10) \qquad \Phi(p) = \frac{1}{k^2 p^2}, \quad k \neq 0$$

gehörige Kurvenfamilie zu bestimmen. Im Falle

$$A.\ k^2 + 1 = 0$$

sind $f = \varepsilon p^{1/2}$, $g = p^{1/2}(1 + lnp)$, $\varepsilon^2 = 1$ zwei linear unabhängige Lösungen von (7) und

$$(11) \quad (X/w) = \frac{\varepsilon p^2}{4}\Big\{(\mathfrak{a}/w) + \varepsilon\big(1 + 2\,lnp\big)(\mathfrak{b}/w) - \big(1 + 2\,lnp + 2(lnp)^2\big)(\mathfrak{c}/w)\Big\}$$

ein Exemplar der Kurvenklasse, wobei zu den Werten $\varepsilon = \pm 1$ kongruente Kurven gehören.

$$B_1.\ k^2 + 1 \neq 0, \quad \sigma^2 = \frac{1 + k^2}{4k^2}, \quad \sigma^2 - 1 \neq 0.$$

Hier sind $f = p^{1/2 + \sigma}$, $g = p^{1/2 - \sigma}$ linear unabhängige Lösungen, und

$$(12) \qquad (X/w) = -\frac{p^2}{4\sigma}\left\{\frac{p^{2\sigma}}{1+\sigma}(\mathfrak{a}/w) + (\mathfrak{b}/w) - \frac{p^{-2\sigma}}{2(1-\sigma)}(\mathfrak{c}/w)\right\}$$

eine Kurve der Klasse.

$$B_2.\ \sigma^2 - 1 = 0.$$

Die Annahmen $\sigma = \pm 1$ führen auf die (zueinander kongruenten) Kurven

$$(13) \qquad \begin{aligned} (X/w) &= -\tfrac{1}{4}\left\{\tfrac{1}{2}p^4(\mathfrak{a}/w) + p^2(\mathfrak{b}/w) - lnp\,(\mathfrak{c}/w)\right\} \\ (\overline{X}/w) &= \tfrac{1}{4}\left\{2\,lnp\,(\bar{\mathfrak{a}}/w) + p^2(\bar{\mathfrak{b}}/w) - \tfrac{1}{4}p^4(\bar{\mathfrak{c}}/w)\right\}. \end{aligned}$$

Die Diskussion der Resultate erfolgt in anderem Zusammenhange (Nr. 24).

§ 4. Die Bahnkurven der parabolischen Bewegung.

10. Aus der Darstellung der parabolischen Bewegung Nr. 5 (6) erhält man in bekannter Weise, wenn man noch $-\mathfrak{c}$ statt a schreibt, die Differentialgleichungen der kontinuierlichen parabolischen Bewegung:

$$(1) \qquad \left(\frac{dX}{dt}\Big/ w\right) = -(\mathfrak{c}\,X\,w) + (m/w);$$

betrachtet man die Veränderliche t als die Zeit, so ist hier analog zu den gewöhnlichen Bewegungen die Geschwindigkeit des Punktes X

in einen rotatorischen und einen translatorischen Bestandteil getrennt. Durch den Punkt P geht die Bahnkurve:

$$(2)\quad (X|w) = (P|w) - t\,(\mathfrak{c}\,P\,w) + \tfrac{1}{2}\,t^2\,(P|\mathfrak{c})\,(\mathfrak{c}|w) + \tfrac{1}{6}\,t^3\,(m|\mathfrak{c})\,(\mathfrak{c}|w) - \tfrac{1}{2}\,t^2\,(\mathfrak{c}\,m\,w) + t\,(m|w).$$

Bilden die Vektoren $\mathfrak{a}, \mathfrak{b}, \mathfrak{c}$ ein quasinormales Tetraeder, und definiert man einen Punkt A durch $(A|w) = (\mathfrak{a}\,m\,w)$, so läßt sich (2) in der Form schreiben:

$$(2\text{a})\quad (X-A|w) = (P-A|w) - t\,(\mathfrak{c}, P-A, w) + \tfrac{1}{2}\,t^2\,(P-A|\mathfrak{c})\,(\mathfrak{c}|w) + (m|\mathfrak{c})\,\{\tfrac{1}{6}\,t^3\,\mathfrak{c} - \tfrac{1}{2}\,t^2\,\mathfrak{b} - t\,\mathfrak{a}|w\}.$$

Im Falle $(m|\mathfrak{c}) = 0$, wenn also die Translationsrichtung m auf der isotropen Richtung $\mathfrak{c}$ senkrecht steht, stellt demnach (2) eine Drehung um die durch den Punkt A zu $\mathfrak{c}$ parallele Gerade (g) dar, die Achse der isotropen Drehung, die punktweise in Ruhe bleibt (vgl. Nr. 5, II). Eine Diskussion dieser Bewegungen findet sich bei E. Study[1]); hier sei nur hingewiesen auf die Drehflächen, welche die anisotropen Geraden beschreiben, die die Drehachse (g) treffen. Es sind dies zueinander kongruente Kegel 2. O., welche keine regulären Kreise, sondern nur die eine, in den achsenparallelen isotropen Ebenen gelegene Schar parabolischer Kreise enthalten und daher als parabolische Drehkegel[2]) bezeichnet werden mögen; sie sind zu der Fläche

$$(3)\quad (X|X) + (X|\mathfrak{c})^2 = 0 \quad \text{kongruent.}$$

11. Die Bahnschraubenlinien. Im Falle $(m|\mathfrak{c}) \neq 0$ stellt (2) die ∞^3-fache Schar eingliedriger Gruppen isotroper Schraubungen dar. Aus (1) und (2) folgt:

$$(4)\quad \begin{gathered} (X'|\mathfrak{c}) = (m|\mathfrak{c}),\ (X'X''w) = -(X'|X')\,(\mathfrak{c}|w) + (m|\mathfrak{c})\,(X'|w), \\ (X'X''|X'X'') = -(X'|X')\,(m|\mathfrak{c})^2 \\ (X'X''X''') = (m|\mathfrak{c})^3,\ (X'|X') = -(P|\mathfrak{c})^2 + 2\,(\mathfrak{c}\,m\,P) + (m|m) \equiv \mathfrak{D}. \end{gathered}$$

Hieraus ergibt sich, daß die nicht auf dem parabolischen Zylinder 2. O. $\mathfrak{D} = 0$ gelegenen Punkte anisotrope, unebene Kurven beschreiben, deren Krümmung $\frac{1}{R}$ und Torsion $\frac{1}{T}$ konstant, $T = -\frac{(X'|X')}{(m|\mathfrak{c})}$, und durch die Beziehung $R^2 + T^2 = 0$ verknüpft sind, also die sogenannten Lyonschen Schraubenlinien (L).[3]) Die Punkte des Zylinders $\mathfrak{D} = 0$ dagegen haben die isotropen Lyonschen Schraubenlinien (L_i) zu Bahnkurven, also die Kurven mit der natürlichen

---

[1]) [L. 6] S. 20 ff.; vgl. auch H. Beck [L. 1] § 5, C.

[2]) Es sind dies die von H. Beck [L. 1] S. 51 im Anschluß an die nichteuklidische Terminologie sogenannten horozyklischen Kegel.

[3]) Vgl. hierzu wie im folgenden E. Study [L. 6] S. 16—18.

Gleichung $\Phi \equiv 0$ (Nr. 8). Verlegt man den Koordinatenanfangspunkt in einen dieser Punkte, führt den natürlichen Parameter $p = t\sqrt{-(m|\mathfrak{c})}$ der durch ihn gehenden Schraubenlinie (L_i) sowie deren begleitendes quasinormales Tetraeder statt $\mathfrak{a}$, $\mathfrak{b}$, $\mathfrak{c}$ ein, so geht die Darstellung (2) in die Normalform über (wobei die neuen Koordinaten wie die ursprünglichen bezeichnet sind):

(5) $(X|w) = (P|w) - p(\mathfrak{c}Pw) + \frac{1}{2}p^2(P|\mathfrak{c})(\mathfrak{c}|w) + \{-\frac{1}{6}p^3\mathfrak{c} + \frac{1}{2}p^2\mathfrak{b} + p\,\mathfrak{a}|w\}$;

jetzt geht also durch den Anfangspunkt $X = 0$ eine isotrope Schraubenlinie mit p als natürlichem Parameter und $\mathfrak{a}$, $\mathfrak{b}$, $\mathfrak{c}$ als begleitendem Dreikant in 0.

12. Aus der Normalform (5) folgen die Beziehungen:

(6) $D(X) \equiv (X|\mathfrak{c})^2 + 2(X|\mathfrak{b}) = D(P) \equiv -q,$

(7) $L(X) \equiv (X|\mathfrak{c})^3 + 3(X|\mathfrak{c})(X|\mathfrak{b}) - 3(X|\mathfrak{a}) = L(P) \equiv 3l.$

Demnach haben die Punkte des Zylinders $q = 0$ oder $[D_0]$ isotrope Bahnkurven, mit p als natürlichem Parameter, alle anderen Punkte dagegen anisotrope mit der Torsion $T = q$, und daher enthält der Zylinder $q = const.$ kongruente Bahnschraubenlinien; ferner folgt aus (5) $(X'|X') - q(X'|\mathfrak{c})^2 = 0$, d. h. die Tangenten der Schraubenlinien (L) haben einen parabolischen Drehkegel, die der Schraubenlinien (L_i) einen isotropen Kegel als Richtkegel.

Die Hauptnormale ist im anisotropen wie isotropen Falle die des Vektors X'', und daher stellt die Gleichung

(8) $(Z|w) = (X|w) + \frac{q}{2}(X''|w)$ bei festem p die Hauptnormale

dar, die zur Ebene $(Z|\mathfrak{c}) = 0$ parallel ist, also die (uneigentliche) Schraubungsachse trifft. Die Hauptnormalen einer Schraubenlinie erfüllen die Fläche $L(Z) = L(P)$, die LIEsche Minimaldoppelfläche 3. O. Die Kurven $q = const.$ liegen auf dem Zylinder $D(Z) = D(P) - q$, sind also selbst Schraubenlinien, und jede auf der Hauptnormalenfläche von (X) gelegene Schraubenlinie (L) schneidet auf deren (orientierten) Hauptnormalen Strecken fester Länge ab, bildet also mit (X) zusammen ein BERTRANDsches Kurvenpaar. Jede Schraubenlinie bildet den teilweisen Durchschnitt einer Fläche $[L]$ mit einem Zylinder 2. O. $[D]$, dessen Erzeugende zur Richtung $\mathfrak{c}$ parallel sind. Diese parabolischen Zylinder berühren die uneigentliche Ebene längs der Schraubungsachse und hyperoskulieren einander längs dieser Geraden. Sie können als Grenzlagen von Drehzylindern aufgefaßt werden (Nr. 13) und sind gegenüber der Schraubung invariant; man könnte sie als eine Schar koaxialer Schraubenzylinder bezeichnen.

Die Filarevolventen der Schraubenlinien (L) (daß dieser

Begriff auch bei isotropen Kurven existiert, wird in Nr. 27 gezeigt), liegen in den Normalschnittebenen des Schraubenzylinders, d. h. den durch dessen Erzeugenden gehenden, zueinander parallelen isotropen Ebenen, und sind zueinander und der Kurve

(9) $$(F/w) = -\tfrac{1}{2}p^2(\mathfrak{b}/w) + \tfrac{1}{3}p^3(\mathfrak{c}/w)$$

kongruent. Die Normalschnitte des Zylinders sind die Erzeugenden und die Schraubungsachse; bemerkenswert ist aber, daß die Filarevolvente (9) sich in gewissem Sinne als Analogon der gewöhnlichen Kreisevolvente auffassen läßt.

Setzt man $(P/\mathfrak{c}) = -p_0$, so ist $(P/\mathfrak{b}) = -\tfrac{1}{2}(p_0^2 + q)$, $(P/\mathfrak{a}) = \tfrac{1}{6}p_0^3 + \tfrac{1}{2}qp_0 + l$, und (5) geht über in

(10) $$(X/w) = -\left\{\tfrac{1}{6}(p+p_0)^3 + \tfrac{1}{2}q(p+p_0) - l\right\}(\mathfrak{c}/w) + \tfrac{1}{2}\left\{(p+p_0)^2 + q\right\}(\mathfrak{b}/w) + (p+p_0)(\mathfrak{a}/w),$$

wo man wieder p statt $p+p_0$ schreiben könnte, die Gleichung der Schraubenlinie (bei festem q, l), zugleich aber die Gleichung der Schraubenfläche $L = 3\,l = const.$ Die Kurve (X) geht für $p = 0$ durch den Punkt P, die durch P gehende Hauptnormale der Kurve treffe den Zylinder $[D_0]$ oder $q = 0$ im Punkte P^0; die Hauptnormalenfläche von (X) schneidet den Zylinder $[D_0]$ in der isotropen Bahnschraubenlinie, deren begleitendes Tetraeder in P^0 durch $\mathfrak{c}^0 = \mathfrak{c}$, $\mathfrak{b}^0 = -p_0\mathfrak{c} + \mathfrak{b}$, $\mathfrak{a}^0 = -\tfrac{1}{2}p_0^2\mathfrak{c} + p_0\mathfrak{b} + \mathfrak{a}$ bestimmt ist. Führt man diese Vektoren in (10) ein, so folgt

(11) $$(X/w) = (P^0/w) - \left\{\tfrac{1}{6}p^3 + \tfrac{1}{2}pq\right\}(\mathfrak{c}^0/w) + \tfrac{1}{2}(p^2+q)(\mathfrak{b}^0/w) + p(\mathfrak{a}^0/w)$$

als zweite Normalform der durch den Punkt $(P/w) = (P^0/w) + \frac{q}{2}(\mathfrak{b}^0/w)$ gehenden Schraubenlinie und der Schraubenfläche $[L]$. Aus dieser Darstellung folgt, daß eine Schraubenlinie (L_i) durch Angabe eines Punktes und des begleitenden Tetraeders für diesen Punkt eindeutig bestimmt ist.

Aus (11) folgt das Bestehen der Gleichung

(12) $$(X-P/X-P) - \tfrac{1}{3}(X-P/\mathfrak{b}^0)^2 - q(X-P/\mathfrak{c}^0)^2 = 0,$$ d. h. die Lyonsche Schraubenlinie wird aus jedem ihrer Punkte durch zueinander kongruente Kegel 2. O. projiziert, was von vornherein zu erwarten war. Zu beachten ist indes, daß die isotropen Schraubenlinien (L_i) auf gewöhnlichen Drehkegeln 2. O. liegen, die zu dem (imaginären) Drehkegel

(13) $$(Y/Y) - \tfrac{1}{3}(Y/\mathfrak{b})^2 = 0$$ kongruent sind.

13. Die mannigfachen Analogien zwischen den Lyonschen und den gemeinen Schraubenlinien haben ihren tieferen Grund in dem Umstande, daß sich die Schraubenlinien (M) einer Schraubenfläche $[M]$

durch einen geeigneten Grenzübergang in die Schraubenlinien (L) der Schraubenfläche $[L]$ überführen lassen. Die Schraubenlinien der Fläche $[M]$, die durch die Gleichung Nr. 8 (9) dargestellt werden, gehen für $p=0$ durch den Punkt $(Q/w)=q\,(e_1/w)$ der Koordinatenachse e_1. Führt man nun die Vektoren:

$$(14)\qquad (\alpha/w)=(X'/w)_0,\ (\beta/w)=(X''/w)_0,\ (\gamma/w)=-\frac{1}{2k}(X'/w)_0-(X'''/w)_0$$

ein und stellt die Vektoren e_1, e_2, e_3 durch die Vektoren α, β, γ dar, so folgt:

$$(15)\qquad q\,(e_1/w)=-k(\beta/w),\ q\,(e_2/w)=k\left\{\frac{(\alpha/w)}{2\sqrt{k}}+\sqrt{k}\,(\gamma/w)\right\},$$
$$(e_3/w)=\frac{(\alpha/w)}{2\sqrt{k}}-\sqrt{k}(\gamma/w).$$

Bezieht man die Schraubenlinie (M) auf das (natürlich nicht rechtwinklige) Dreikant α, β, γ, so kommt:

$$(16)\qquad (\overline{X}/w)\equiv(X-Q/w)=\frac{1}{2}\left\{p+\sqrt{k}\sin\frac{p}{\sqrt{k}}\right\}(\alpha/w)$$
$$+k\left\{1-\cos\frac{p}{\sqrt{k}}\right\}(\beta/w)-k\left\{p-\sqrt{k}\sin\frac{p}{\sqrt{k}}\right\}(\gamma/w)$$

als Gleichung der gemeinen Schraubenlinie, die für $p=0$ durch den Punkt $\overline{X}=0$ geht; ist diese insbesondere isotrop $(q^2=-k^2)$, so ist α, β, γ das begleitende quasinormale Dreikant von (M_i), das zum Punkte $\overline{X}=0$ gehört.[1])

Um nun den beabsichtigten Grenzübergang auszuführen, verschiebt man das Koordinatensystem in den Punkt $(P/w)=ik(e_1/w)$ und bezieht die Koordinaten auf das quasinormale Dreikant $\mathfrak{a}$, $\mathfrak{b}$, $\mathfrak{c}$ der durch P gehenden isotropen Schraubenlinie (M_i). Die gemeinsame Achse der Schraubenlinien ist in bezug auf das neue Koordinatensystem die Gerade

$$(17)\qquad (S/w)=k(\mathfrak{b}/w)+t\left\{-\frac{(\mathfrak{a}/w)}{2k}+(\mathfrak{c}/w)\right\}.$$

Die Achsen erfüllen also bei veränderlichem k eine Regelschar des Paraboloids $[P]$ mit der Gleichung $2(S/\mathfrak{b})(S/\mathfrak{c})-(S/\mathfrak{a})=0$. Hält man nun den Punkt P mit dem Dreikant $\mathfrak{a}, \mathfrak{b}, \mathfrak{c}$ fest, ebenso die Schnittpunkte aller Schraubenlinien mit der Kante e_1 und läßt die Schraubenachse auf dem Paraboloid $[P]$ in die uneigentliche Ebene rücken, so geht die Schar der Kurven (M) in die Schar der Kurven (L) über, und demnach die Fläche $[M]$ in die Fläche $[L]$. Die Kurven (M)

[1]) Vgl. die analoge Darstellung Nr. 12 (11) der durch einen Punkt P gehenden LYONschen Schraubenlinien; durch einen Punkt P gehen also ∞^1 isotrope Schraubenlinien (M_i) und eine LYONsche Schraubenlinie (L_i) mit zu P gehörigem gegebenen begleitenden (normierten) Dreikant $\mathfrak{a}, \mathfrak{b}, \mathfrak{c}$.

liegen auf koaxialen Drehzylindern 2. O., die bei dem gleichen Grenzübergang in die koaxialen Schraubenzylinder $[D]$ der Schraubenlinien (L) übergehen; diese Grenzlagen gestatten indes keine Drehungen, sondern nur noch isotrope Schraubungen in sich. Die Schraubenachse geht in die Tangente des a. K. im Fundamentalpunkte der Schraubung über, die schon früher (Nr. 5) als (uneigentliche) Achse der isotropen Schraubung bezeichnet wurde.

§ 5. Die Näherungsschraubenlinien.

14. Die Methode der Approximation unebener, anisotroper Kurven durch in höherer Ordnung berührende Schraubenlinien läßt sich auf isotrope Kurven erst anwenden, wenn für diese der Begriff der Berührung höherer Ordnung erklärt ist. Die bei den anisotropen Kurven in der Differentialgeometrie gebräuchliche Definition ist jedenfalls nicht anwendbar; es sei vielmehr folgende, der projektiven Natur dieses Begriffes angepaßte vorläufige Erklärung gegeben:

Zwei isotrope Kurven (X), $(\mathfrak{X})$ berühren sich in einem Punkte P, der auf beiden allgemeine Lage hat, in gerade n-ter Ordnung, wenn bei allen Paaren von Kurven $(\bar{X})$, $(\bar{\mathfrak{X}})$, die aus ihnen durch senkrechte Projektion auf — mit gewissen Ausnahmen beliebige — anisotrope Ebenen $[e]$ erhalten werden, im Risse $\bar{P}$ von P Berührung in mindestens n-ter Ordnung und bei wenigstens einem solchen Paare Berührung von gerade n-ter Ordnung stattfindet.

Führt man die Rechnung, wenigstens für die Ordnungen 1 bis 5, durch, so sieht man, daß diese Erklärung mit der folgenden äquivalent ist.

Die auf ihre natürlichen Parameter bezogenen isotropen Kurven (X), $(\mathfrak{X})$ berühren sich im Punkte $P = X(p_0) = \mathfrak{X}(\mathfrak{p}_0)$ zu gerade n-ter Ordnung unter folgenden Bedingungen (wobei jede neue das Bestehen der vorangehenden, das Nichtbestehen der nächstfolgenden voraussetzt):

$$(1)\qquad \begin{array}{lll} n=1 & : & (X'|w)_0 = k(\mathfrak{X}'|w)_0 \qquad k \neq 0 \\ n=2 & : & k^2 = 1 \\ n=3 & : & (X''|w)_0 = (\mathfrak{X}''|w)_0 \\ n=4 & : & (X'''|w)_0 = k(\mathfrak{X}'''|w)_0 \\ n=n>3 & : & \left(\dfrac{d^{(n-1)}X}{dp^{n-1}}\Big|w\right)_0 = k^{n-1}\left(\dfrac{d^{(n-1)}\mathfrak{X}}{d\mathfrak{p}^{n-1}}\Big|w\right)_0. \end{array}$$

Für die Vektoren a, b, c; $\mathfrak{a}, \mathfrak{b}, \mathfrak{c}$ der begleitenden Dreikante in P sowie die Invarianten $\Phi, \mathfrak{F}$ der Kurven (X), $(\mathfrak{X})$ ergeben sich hieraus die Beziehungen:

$$
(2)\qquad
\begin{array}{ll}
n=1: & (a/w)_0 = k(\mathfrak{a}/w)_0 \\
n=2: & k^2 = 1 \\
n=3: & (b/w)_0 = (\mathfrak{b}/w)_0, \quad (c/w)_0 = k(\mathfrak{c}/w)_0 \\
n=4: & \Phi_0 = \mathfrak{F}_0 \\
n=5: & \left(\dfrac{d\Phi}{dp}\right)_0 = k\left(\dfrac{d\mathfrak{F}}{d\mathfrak{p}}\right)_0 \\
n\geq 4: & \left(\dfrac{d^{(n-4)}\Phi}{dp^{n-4}}\right)_0 = k^{n-4}\left(\dfrac{d^{(n-4)}\mathfrak{F}}{d\mathfrak{p}^{n-4}}\right)_0,
\end{array}
$$

so daß also bei Berührung mindestens 3. Ordnung die Kurven ein gemeinsames begleitendes Dreikant haben.

15. Die Näherungsschraubenlinien. Von den eine isotrope Kurve (X) in mindestens 3. Ordnung berührenden isotropen Schraubenlinien, den Näherungsschraubenlinien, ist nach (2) das begleitende Dreikant im Punkte X^0 bekannt, und damit auch ihre Gleichung, nämlich die einer ∞^1-fachen Schar von Schraubenlinien (M_i) (Nr. 13 (16)) mit unbestimmt bleibendem Drall k sowie die einer LYONschen Schraubenlinie (L_i) (Nr. 12 (11)). Die Schraubenachsen der Kurven (M_i) haben die von k unabhängige Gleichung

$$(3)\qquad (S/w) = (X/w)_0 + \varkappa(b/w)_0 + t\left\{-\frac{(a/w)_0}{2\varkappa} + (c/w)_0\right\},$$

aus der durch Elimination von $\varkappa$ und t folgt:

$$(4)\qquad P \equiv 2(S-X/b)_0\,(S-X/c)_0 - 2(S-X/a)_0 = 0.$$

Die Achsen aller Näherungsschraubenlinien (M_i) bilden somit eine paraboloidische Regelschar $[P]$, deren Geraden die Hauptnormale $(b)_0$ rechtwinklig schneiden. Die uneigentliche Gerade dieser Schar ist die Achse (s_u) der Näherungsschraubenlinie (L_i). Diejenige unter den Schraubenlinien (M_i), die mit der Kurve (X) in X^0 den gleichen Wert der Invariante hat, also die durch $\varkappa = -\frac{1}{\Phi_0}$ gekennzeichnete, oder wenn $\Phi_0 = 0$, die Kurve (L_i), berührt die Kurve (X) in mindestens 4. O. und heiße deshalb Schmiegschraubenlinie. Eine zur 5. O. berührende Schraubenlinie existiert nach (2) nur unter der Bedingung $\Phi'_0 = 0$, die im allgemeinen nicht erfüllt ist; besteht sie dagegen identisch in p, ist also (X) selbst eine Schraubenlinie, so folgt aus (2) weiter: Eine gemeine oder eine LYONsche isotrope Schraubenlinie kann von einer anderen, nicht mit ihr identischen, höchstens in 3. Ordnung berührt werden. Bei allen übrigen Kurven (X) existiert eine einfache Schar von Näherungsschraubenlinien, welche (X) in mindestens 3. (nur in Ausnahmen höherer) Ordnung berühren, und eine, welche in mindestens 4. Ordnung berührt. Die Achsen aller dieser Schraubenlinien bilden eine paraboloidische Regelschar.[1])

16. Die Schmiegschraubenlinie hat mit der Kurve (X) nicht nur das begleitende Dreikant des Punktes X^0, sondern auch das des Punktes $(X^*|w) = (X|w)_0 + (a|w)_0 dp$ gemeinsam, und man wird vermuten, daß die durch die Schmiegschraubenlinie bestimmte Schraubung das Dreikant des Punktes X^0 in das des Punktes X^* überführt. Das ist tatsächlich der Fall: Die Achse (s^*) der Schmiegschraubenlinie ist zugleich Schraubungsachse des begleitenden Dreikants im Punkte X^0, nämlich wenn $\Phi_0 \neq 0$, eine eigentliche Gerade wenn $\Phi_0 = 0$, die Tangente des a. K. im uneigentlichen Punkte der Richtung c_0.[2])

Die Regelschar $[P]$ der Achsen der Näherungsschraubenlinien enthält demnach, wenn $\Phi_0 \neq 0$, drei ausgezeichnete Geraden: die Kurventangente (a_0) des Punktes X^0, die Tangente (s_u) des a. K. im uneigentlichen Punkte der Nebennormalen (c_0) sowie die Schraubungsachse (s^*) und ist durch sie eindeutig bestimmt. Die so jedem Kurvenpunkte zugeordneten Paraboloide (auch für $\Phi_0 = 0$) sind zueinander kongruent.

§ 6. Begleitende Linienflächen.

17. Sind $M_h = M_h(u)$, $m_h = m_h(u)$ 6 analytische Funktionen eines Parameters u mit gemeinsamem Existenzbereich, so stellt die Gleichung mit variablem v:

(1) $(Y|w) = (M|w) + v(m|w)$ eine von den Geraden (m) gebildete Linienschar $[\Sigma]$ mit der Leitkurve (M) dar. Es sind die Fälle zu unterscheiden:

I. $(mm'w) \equiv 0$. Die Geraden sind zu einer festen Richtung parallel und erfüllen eine einzelne Gerade oder einen Parallelstrahlenbüschel oder einen unebenen Zylinder.

II. $(mm'w) \neq 0$, $(mm'M') \equiv 0$. Der Schnittpunkt Z konsekutiver Geraden ist

---

[1]) Bei den anisotropen Kurven besteht ein analoger Satz, nur ist die Ordnungszahl der Berührung um eins niedriger; die Achsen der Schraubenlinien erfüllen ein Zylindroid. Dieses läßt sich übrigens durch einen geeigneten Grenzübergang in die paraboloidische Schar $[P]$ unseres Satzes überführen, wobei sich eine Ebene abspaltet.

[2]) Die Schraubung des begleitenden Dreikantes betrachtet bereits E. VESSIOT [L. 9] S. 1383.

(2) $(Z|w) = (M|w) - \frac{(mM'w)}{(mm'w)}(m|w)$;

a) $(mm'm'') \equiv 0$; die Schar $[\Sigma]$ liegt in einer festen Ebene; Strahlenbüschel (mit eigentlichem Scheitel), Tangenten einer (nicht geradlinigen) Kurve.

b) $(mm'm'') \not\equiv 0$, $(Z'|w) \equiv 0$. Unebener Kegel (mit eigentlicher Spitze).

c) $(mm'm'') \not\equiv 0$, $(Z'|w) \not\equiv 0$. Tangentenfläche einer unebenen Raumkurve (Torse).

III. $(mm'w) \not\equiv 0$, $(mm'M') \not\equiv 0$, $(mm'|mm') \not\equiv 0$. Die Geraden sind anisotrop und bilden eine schiefe (nicht abwickelbare) Regelfläche. Der Ort der Striktionspunkte S ist

(3) $(S|w) = (M|w) - \frac{(mm'|mM')}{(mm'|mm')}(m|w)$, der Ort der Striktionsstrahlen, d. h. der gemeinsamen Normalen konsekutiver Erzeugender, das Striktionsband $[\bar{S}]$:

(4) $(\bar{S}|w) = (S|w) + v(mm'w)$.

IV. $(mm'w) \not\equiv 0$, $(mm'M') \not\equiv 0$, $(mm'|mm') \equiv 0$. Die Erzeugenden sind entweder isotrop oder zu einer isotropen Ebene parallel. Nichtabwickelbare Fläche mit α) isotropen Erzeugenden, β) anisotropen Erzeugenden und isotroper Ebene als Leitebene (Kein eigentlicher Punkt ist Striktionspunkt.)

18. Liegt eine isotrope Kurve (X) vor, so ist

(5) $(Y|w) = (X|w) + q(b|w)$ der Linienort $[H]$ der Hauptnormalen. Nach III und IV ergibt sich: Die Hauptnormalenfläche der isotropen Schraubenlinie (L_i) — also die LIEsche Fläche $[L]$ — hat anisotrope, zu einer isotropen Ebene parallele Geraden (vgl. Nr. 12). Bei den übrigen Kurven ist die Fläche windschief; ihre Striktionsstrahlen sind mit den Schraubungsachsen (vgl. Nr. 16) der Kurve (X) identisch. Die Striktionslinie hat die Striktionsstrahlen nur bei den Schraubenlinien (M_i) zu Tangenten — sie ist die feste Achse der Schraubenlinie — und diese Schraubenlinien sind die einzigen Kurven mit geradliniger Striktionslinie.

19. Die Nebennormalen bilden die Linienfläche

(6) $(Y|w) = (X|w) + q(c|w)$; sie gehört für $\Phi \equiv 0$ zum Typus I und ist der Schraubenzylinder 2. Ordnung der Schraubenlinie (L_i). Sonst ist die Fläche nach IV windschief mit isotropen Erzeugenden und zwar bei den Schraubenlinien (M_i) eine SERRETsche

Fläche [1]), deren Zentrakurve aus (M_i) durch eine Umwendung um deren Achse hervorgeht, bei den übrigen Kurven eine MONGEsche Fläche [1]), deren Zentrakurve $(C/w) = (X/w) - \frac{2}{\Phi}(b/w)$ ebenfalls auf der Hauptnormalenfläche $[H]$ von (X) liegt.

20. Der Ort $[S]$ der Schraubungsachsen — die Schraubenlinien (L_i) sind also hier auszuschließen — wird durch die Gleichung:

(7) $(S/w) = (X/w) - \frac{1}{\Phi}(b/w) + q\left\{\frac{1}{2}\Phi a + c/w\right\}$ dargestellt. Er ist für $\Phi = \text{const} \neq 0$ die feste Achse der Schraubenlinie (M_i), sonst eine windschiefe Fläche anisotroper Geraden, und das Striktionsband $[\bar{\bar{S}}]$ von $[\bar{S}]$ ist die Hauptnormalenfläche $[H]$ selbst.

21. Die rektifizierenden Ebenen umhüllen die rektifizierende Fläche $[R]$, deren Erzeugende, die rektifizierenden Kanten durch die Gleichung

(8) $(Y/w) = (X/w) + q\left\{\frac{1}{2}\Phi a + c/w\right\}$ gegeben sind, also zu den Schraubungsachsen parallel laufen. Bei variablem q stellt (8) die Fläche $[R]$ dar, die bei den Schraubenlinien $\Phi' = 0$ mit dem Schraubenzylinder dieser Kurven identisch ist. Sonst ist

(9) $(Z/w) = (X/w) - \frac{2}{\Phi'}\left\{\frac{1}{2}\Phi a + c/w\right\}$ der Ort der Schnittpunkte konsekutiver Erzeugenden von $[R]$. Diese Fläche ist somit im Falle $\Phi'' = 0$ oder $\Phi = a(p+\beta)$, $a \neq 0$ ein Kegel, sonst dagegen die Tangentenfläche der unebenen anisotropen Kurve (Z) der Gratlinie von $[R]$.

Die Fläche $[R]$ ist somit stets abwickelbar, ihre Normalen längs (X) sind zugleich die Hauptnormalen von (X) und ihre Erzeugenden zu den Schraubungsachsen von (X) parallel. Sie teilt diese Eigenschaften mit den rektifizierenden Flächen anisotroper Kurven, woraus sich die Bezeichnung „rektifizierend" rechtfertigt. Die Kurve (X) ist schon als isotrope Kurve auf $[R]$ geodätisch, zugleich aber sind ihre Hauptnormalen Flächennormalen von $[R]$, eine Eigenschaft, die isotropen Kurven auf beliebigen Flächen nicht zukommt.

Die beiden Scharen isotroper Kurven der Fläche $[R]$ sind übrigens explizit angebbar, es sind die Kurvenscharen $q = const.$, $2p + \Phi q = const.$ Bezeichnet $(r/w) = \frac{1}{\sqrt{-\Phi}}\left\{\frac{1}{2}\Phi a + c/w\right\}$ den Einheitsvektor der rektifizierenden Kante, so ist $q\left\{\frac{1}{2}\Phi a + c/w\right\} = q\sqrt{-\Phi}\,(r/w)$, und es folgt nebenbei das Resultat:

---

[1]) In der Bezeichnungsweise von L. BERWALD [L. 2].

Trägt man in jedem Punkte von (X) auf der orientierten rektifizierenden Kante eine Strecke ab, deren Länge gleich dem zugehörigen Werte von $const. \sqrt{-\Phi}$ ist, so ist der Ort der Endpunkte wieder eine isotrope Kurve, nämlich eine Kurve der Schar $q = const.$ Irgend drei dieser Kurven schneiden die Erzeugenden von $[R]$ in Punktetripeln konstanten Abstandverhältnisses, irgend vier dagegen in vier Punkten konstanten Doppelverhältnisses.

§ 7. Sphärische Abbildung.

22. Hauptnormalenbild. Heftet man die Vektoren der Hauptnormalen einer isotropen Kurve (X) am Koordinatenanfangspunkt an, so erhält man das Hauptnormalenbild (H):

$$(1) \quad (H|w) = (b|w) = \left(\frac{d^2 X}{dp^2}\Big|w\right), \text{ eine auf der Kugel } (H|H) = -1$$

gelegene Linie, die von der Zweiwertigkeit des Parameters p nicht abhängt. Da nun die Gleichungen

$$(2) \quad (H'|H') = \Phi, \quad (H'\,H''\,w) = -\tfrac{1}{2}\,\Phi^2\,(a|w) + \tfrac{1}{2}\,\Phi'\,(b|w) - \Phi\,(c|w),$$
$$(H'\,H''\,H''') = \tfrac{1}{4}\{2\,\Phi\,\Phi'' - 3\,\Phi'^2\}$$

bestehen, so haben nur die Schraubenlinien (L_i) isotrope Geraden zum Hauptnormalenbilde, die anderen Kurven dagegen sphärische ebene oder unebene Kurven. Ist umgekehrt eine nichtgeradlinige sphärische Kurve (ξ):

$$(3) \qquad \xi_h = \xi_h(t), \quad (\xi|\xi) = -1, \quad (\xi'|\xi') \neq 0$$

gegeben, so sind sämtliche isotropen Kurven (X), welche (ξ) zum Hauptnormalenbilde haben, durch die Gleichung

$$(4) \quad (X|w) = \int^t f^2\left(\xi' + \xi\xi'|w\right)dt, \; f = k\,e^{\int \frac{(\xi\xi'\xi'')}{(\xi'|\xi')}dt}, \; k = const. \neq 0,$$

gegeben und gehen aus einer von ihnen durch Ähnlichkeitstransformation und Parallelverschiebung hervor. Unterwirft man diese Kurven noch beliebigen Drehungen, so erhält man die Gesamtheit der Kurven mit kongruenten Hauptnormalenbildern.

Für den natürlichen Parameter p, die Invariante Φ und das begleitende Dreikant a, b, c der Kurve (X) bestehen die Formeln:

$$(5) \quad \frac{dp}{dt} = f\sqrt{\xi'|\xi'}; \; \Phi = \frac{1}{f^2}; \; (a|w) = \frac{f}{\sqrt{\xi'|\xi'}}\left(\xi' + \xi\xi'|w\right); \; (b|w) = (\xi|w);$$
$$(c|w) = \frac{1}{2\,f\sqrt{\xi'|\xi'}}\left(-\xi' + \xi\xi'|w\right).$$

23. Die Formel (4) für die Kurven mit gegebenem Hauptnormalenbilde erinnert an die von E. STUDY gegebene Darstellung einer isotropen Kurve durch Kurven konstanter Torsion.[1]) Man gelangt zu dem STUDYschen Ergebnis folgendermaßen: Sei bei gegebener Kurve (X) $k(p)$ eine Lösung der RICCATIschen Differentialgleichung:

(6) $$2i\frac{dk}{dp} = k^2 + \Phi(p) + \frac{1}{T},\quad T = const. \neq 0.$$

Definiert man dann den Vektor $\zeta_h = \zeta_h(p)$ durch:

(7) $(\zeta|w) = (ka + ib|w)$, so folgt nach kurzer Rechnung

$$T\left(i\zeta' + \zeta\zeta'|w\right) = (a|w), \text{ und hieraus:}$$

(8) $$(X|w) = iT(\zeta|w) + (Y|w),\ \text{wo}\ (Y|w) = T\int^p (\zeta\zeta' w)\,dp,$$

worin das STUDYsche Resultat enthalten ist.[2])

24. Es sei nun die **Familie der isotropen Kurven mit ebenem Bilde der Hauptnormalen** zu bestimmen, zu der nach (2), neben den Schraubenlinien (L_i), die durch die Differentialgleichung $2\Phi\Phi'' - 3\Phi'^2 = 0$ definierten Kurven gehören, also die Kurven mit den natürlichen Gleichungen

(9) $$\Phi = const. \neq 0, \text{ oder } \Phi = \frac{1}{k^2 p^2},\ k \neq 0,$$

wobei eine Integrationskonstante in p einbezogen ist. Die Hauptnormalenbilder (H) sind für $\Phi = const.$ Großkreise, sonst Kleinkreise, und zwar wegen der Beziehung $(H'H''|H'H'') = -\Phi^3 - \frac{1}{4}\Phi'^2 = -(1+k^2)(kp)^2$ für $k^2+1=0$ parabolische, sonst reguläre Kreise Die Kurven mit der Gleichung $\Phi = \frac{1}{k^2p^2}$ sind in Nr. 9 bestimmt, und es können jene Resultate übernommen werden.

I. (H) **ist eine isotrope Gerade der Bildkugel**, $\Phi \equiv 0$. Die Kurven (X) sind zu der Schraubenlinie (L_i) kongruent:

(10) $$(X|w) = p(\mathfrak{a}|w) + \tfrac{1}{2}p^2(\mathfrak{b}|w) - \tfrac{1}{6}p^3(\mathfrak{c}|w),$$

die auf dem Drehkegel

(11) $$(X|X) - \tfrac{1}{3}(X|\mathfrak{b})^2 = 0$$

sowie auf dem Schraubenzylinder $(X|\mathfrak{c})^2 + 2(X|\mathfrak{b}) = 0$ liegt.

---

[1]) E. STUDY [L. 8] spricht den Satz aus, daß man eine isotrope Kurve erhalte, wenn man auf den Binormalen einer Kurve konstanter Torsion T von den Kurvenpunkten aus die Strecke $T\sqrt{-1}$ abtrage; den Ort der Endpunkte gibt dort Formel (11), die mit der obigen (4) eine, allerdings nur formale, Ähnlichkeit hat.

[2]) Das hier eingeschlagene Verfahren erfordert also zur Bestimmung der Kurven konstanter Torsion aus gegebener isotroper Kurve (X) die Integration einer RICCATIschen Differentialgleichung mit nachfolgenden drei Quadraturen.

II. (H) ist ein Großkreis der Kugel, $\Phi = const. \neq 0$. Die zugehörigen Kurven sind Schraubenlinien (M_i), sie liegen auf Drehzylindern.

III. (H) ist ein parabolischer Kreis der Bildkugel, $\Phi = -\frac{1}{p^2}$. Die zugehörigen Kurven sind zu der Kurve (X) kongruent,

$$(12\text{a})\quad (X/w) = \frac{p^2}{4}\left\{(\mathfrak{a}/w) + (1 + 2\,lnp)(\mathfrak{b}/w) - (1 + 2\,lnp + 2\,(lnp)^2)(\mathfrak{c}/w)\right\},$$

die durch die Umwendung $(\bar{\mathfrak{a}}/w) = -(\mathfrak{a}/w)$, $(\bar{\mathfrak{b}}/w) = +(\mathfrak{b}/w)$, $(\bar{\mathfrak{c}}/w) = -(\mathfrak{c}/w)$ in die Kurve:

$$(12\text{b})\quad (\bar{X}/w) = -\frac{p^2}{4}\left\{(\bar{\mathfrak{a}}/w) - (1 + 2\,lnp)(\bar{\mathfrak{b}}/w) - (1 + 2\,lnp + 2\,(lnp)^2)(\bar{\mathfrak{c}}/w)\right\}$$

übergeht. Beide Kurven liegen auf dem parabolischen Drehkegel

$$(13)\qquad (X/X) - (X/\mathfrak{c})^2 = 0.$$

IV. (H) ist ein (regulärer) Kleinkreis der Bildkugel. Die durch die Invariante $\Phi = \frac{1}{k^2 p^2}$, $k^2 + 1 \neq 0$ definierte Kurvenfamilie zerfällt bei beliebigem k in zwei Unterfamilien:

IVa. $\qquad 1 - 3\,k^2 = 0.$

Die zugehörige Klasse kongruenter Kurven ist durch die Kurve:

$$(14\text{a})\quad (X/w) = -\tfrac{1}{4}\left\{\tfrac{1}{2}p^4(\mathfrak{a}/w) + p^2(\mathfrak{b}/w) - lnp\,(\mathfrak{c}/w)\right\}$$

bestimmt, die durch die Drehung $(\bar{\mathfrak{a}}/w) = \frac{1}{2}(\mathfrak{c}/w)$, $(\bar{\mathfrak{b}}/w) = -(\mathfrak{b}/w)$, $(\bar{\mathfrak{c}}/w) = 2\,(\mathfrak{a}/w)$ in die Kurve:

$$(14\text{b})\quad (\bar{X}/w) = \tfrac{1}{4}\left\{2\,lnp\,(\bar{\mathfrak{a}}/w) + p^2(\bar{\mathfrak{b}}/w) - \tfrac{1}{4}p^4(\bar{\mathfrak{c}}/w)\right\}$$ übergeht.

Die Kurve (X) liegt auf dem Zylinder 2. O. mit zu $\mathfrak{c}$ parallelen Erzeugenden:

$$(15)\qquad 2\,(X|\mathfrak{b})^2 - (X/\mathfrak{c}) = 0.$$

Schließlich folgt im Falle

IVb. $1 - 3\,k^2 \neq 0$, wenn $\sigma^2 = \frac{1+k^2}{4k^2}$ gesetzt wird, $\sigma^2 - 1 \neq 0$, daß die zu festem k gehörige Klasse durch die Kurve

$$(16\text{a})\quad (X/w) = -\frac{p^2}{4\sigma}\left\{\frac{p^{2\sigma}}{1+\sigma}(\mathfrak{a}/w) + (\mathfrak{b}/w) - \frac{p^{-2\sigma}}{2\,(1-\sigma)}(\mathfrak{c}/w)\right\}$$

repräsentiert wird, die durch die gleiche Drehung wie unter IVa in die Kurve:

$$(16\text{b})\quad (X/w) = \frac{p^2}{4\sigma}\left\{\frac{p^{-2\sigma}}{1-\sigma}(\bar{\mathfrak{a}}/w) + (\bar{\mathfrak{b}}/w) - \frac{p^{2\sigma}}{2\,(1+\sigma)}(\bar{\mathfrak{c}}/w)\right\}$$ übergeht.

Beide Kurven liegen auf dem Drehkegel

$$(17)\qquad (X/X) + \frac{\sigma^2}{\sigma^2 - 1}(X/\mathfrak{b})^2 = 0.$$

Es ergibt sich somit das Resultat, daß die Kurven unter I, II, III, IVb auf **Drehkegeln** bzw. **Drehzylindern** liegen, die Kurven unter I und IVa auf gewissen Zylindern 2. O. mit isotropen Erzeugenden, deren einer als Grenzlage von Drehzylindern bereits in Nr. 13 erkannt ist.

Aber auch der **Zylinder (15) bildet die Grenzlage einer Drehfläche**, nämlich eines Drehkegels: Liegt in der isotropen Ebene $[m]$ ein parabolischer Kreis (K) mit dem uneigentlichen Punkte A_u, legt man durch einen eigentlichen Punkt P von (K) die Tangente (b) an (K) und durch (b) die zweite isotrope Ebene, welche den a. K. im Punkte C_u berühren möge, so wird der Kreis (K) aus jedem von P und C_u verschiedenen Punkte S der Geraden PC_u durch einen Drehkegel (aus einem dieser Punkte durch einen isotropen Kegel) projiziert. Faßt man den Punkt C_u als Grenzlage der Punkte S auf, so kann man den zum Punkte C_u gehörigen Projektionszylinder als Grenzlage der Schar von Drehkegeln bezeichnen, und dies ist gerade die Fläche (15). Analytisch folgt dies so: legt man in die Geraden PA_u, b, PC_u die (normierten) Vektoren eines quasinormalen Dreikantes, so ist $(X/w) = p^2(\mathfrak{a}/w) + \frac{1}{2}p(\mathfrak{b}/w)$ die Gleichung des Kreises (K) und $2(X/\mathfrak{b})^2 - (X/\mathfrak{c}) = 0$ die des Zylinders durch (K) mit C_u als uneigentlichem Punkte seiner Erzeugenden.

Diese Zylinder, die also durch Projektion eines beliebigen parabolischen Kreises (K) aus einem (nicht in dessen Ebene gelegenen) Punkte des a. K. entstehen, bilden eine Klasse zueinander kongruenter Flächen.

Es liegen somit **sämtliche isotropen Kurven mit ebenem Bilde der Hauptnormalen auf Drehkegeln, Drehzylindern** oder gewissen **Grenzlagen von solchen.**

Und umgekehrt: **Die isotropen Kurven der genannten Flächen haben ebene Bilder der Hauptnormalen.**

Zunächst nämlich liegen auf jedem gewöhnlichen oder parabolischen Drehkegel (17) bzw. (13) zwei Scharen isotroper Kurven, die aus den Kurven (16a, b) bzw. (12a, b) durch die automorphen Ähnlichkeiten und Drehungen des Kegels hervorgehen und durch die automorphen Umwendungen des Kegels miteinander vertauscht werden. Im Falle I des speziellen Öffnungswinkels $tg^2\omega = -\frac{4}{3}$ sind die Kurven Lyonsche Schraubenlinien (L_i). Die Drehzylinder (Fall II) enthalten zwei Scharen isotroper Schraubenlinien (M_i), die in bekannter Weise auseinander hervorgehen. Die Grenzfälle unter I und IVa endlich enthalten neben den isotropen Erzeugenden nur eine Schar isotroper Kurven, die durch automorphe Schiebungen der Flächen ineinander übergeführt werden.

§ 8. Die Tangentenfläche der isotropen Kurve.

25. Die Tangentenfläche $[Z]$ der isotropen Kurve (X) wird durch die Gleichung

$$(1) \qquad (Z/w) = (X/w) + q\,(a/w)$$

mit veränderlichem q dargestellt; jede Kurve der Fläche, von deren Gratlinie und den Erzeugenden abgesehen, läßt sich durch (1) darstellen, wobei $q = q(p)$ eine analytische Funktion von p in dem Existenzbereich der Kurve (X) ist. Setzt man

$$(2) \qquad g \equiv \frac{1+q'}{q}, \quad f = g' - g^2 + \tfrac{1}{2}\Phi, \text{ so folgt,}$$

daß für $g^2 + 2f \equiv 0$ die Kurve (Z) in einer isotropen Ebene liegt; ist dagegen $g^2 + 2f \not\equiv 0$, so ist (Z) eine anisotrope, ebene oder unebene Kurve. In diesem letzteren Falle sind die Einheitsvektoren der Tangente, Hauptnormale und Binormale von (Z) bestimmt durch:

$$(3) \quad (\alpha/w) = \sqrt{-1}\,(ga + b/w); \quad (\beta/w) = -\frac{R}{q}\Big((f+g^2)a + gb - c/w\Big);$$

$$(\gamma/w) = \frac{-R\sqrt{-1}}{q}\Big(fa - gb + c/w\Big), \text{ wo}$$

(4) $R^2 = \dfrac{q^2}{g^2+2f}$ das Quadrat des Krümmungsradius ist. Die Schmiegebene der Kurve, $(Y - Z/\gamma) = 0$, dreht sich bei veränderlichem f um die — durch g allein bestimmte — Kurventangente.

Die Krümmungsachse der Flächenkurve (Z) ist durch die Gleichung

(5) $(Y - Z/w) = R\,(\beta/w) + t(\gamma/w)$ gegeben; sie enthält für $t = t_0 = -R\sqrt{-1}$ den Punkt $(Y^0/w) = (Z/w) + R(\beta/w) + t_0\,(\gamma/w) = (X/w)$, d. h. die Krümmungsachsen sämtlicher Flächenkurven zu den Punkten derselben Erzeugenden gehen durch den zugehörigen Punkt X der Gratlinie. Weiterhin ist X einer der Scheitel des Krümmungskreises von (Z), d. h. der Krümmungskreis wird durch den isotropen Kegel $[C]$ mit der Spitze X projiziert, und dieser Kegel enthält die Krümmungskreise aller Flächenkurven zu den Punkten der zu X gehörigen Erzeugenden, die Schmiegebenen schneiden aus $[C]$ die Krümmungskreise heraus. Die Gratlinie (X) ist die gemeinsame Begleiterkurve der Flächenkurven.[1])

Der Krümmungsmittelpunkt K:

$$(6) \qquad (K/w) = (Z/w) + R\,(\beta/w)$$

ist der Fußpunkt des von X auf die Schmiegebene gefällten Lotes, und daher liegen die Punkte K aller durch denselben Flächen-

[1]) In der Bezeichnungsweise von E. STUDY [L. 4] S. 47.

punkt Z gehenden Kurven auf einer Fläche 2. Ordnung $(K-X-\frac{1}{2}qa|K-X-\frac{1}{2}qa)=0$, einem isotropen Kegel mit der Spitze $X+\frac{1}{2}qa$, die in der „Mitte" zwischen X und Z liegt. Die Krümmungsmittelpunkte aller Kurven derselben Tangentenrichtung im Punkte Z liegen auf einer isotropen Geraden dieses Kegels.

Trägt man auf den Hauptnormalen der Flächenkurven durch Z nicht den Krümmungsradius, sondern dessen reziproken Wert, die Krümmung ab, so erhält man die zum Kegel inverse Fläche, die isotrope Ebene $\left(\frac{\beta}{R}-Z|a\right)=-\frac{1}{q}$.

26. Die Untersuchung der in isotropen Ebenen liegenden Flächenkurven erfordert einige Vorbetrachtungen über Kurven in isotropen Ebenen überhaupt. Übernimmt man die Begriffe des parabolischen Schmiegkreises und der charakteristischen Invariante derartiger Kurven[1]), so ergeben sich folgende Resultate:

Sämtliche durch einen Flächenpunkt Z gehenden, in isotropen Ebenen gelegenen Flächenkurven haben dort denselben Wert $J=-\frac{1}{q^2}$ der charakteristischen Invariante. Die parabolischen Schmiegkreise der in isotropen Ebenen liegenden Flächenkurven in den Punkten einer Erzeugenden liegen auf dem isotropen Kegel mit dem zugehörigen Punkte der Gratlinie als Spitze, demselben Kegel, der auch die Krümmungskreise der anisotropen Kurven enthält. Die Gratlinie (X) ist die einzige Begleiterkurve der Flächenkurven, die in isotropen Ebenen liegen.

27. Filarevolventen. Zum Werte $q=0$ oder $q=p_0-p$ gehören die Flächenkurven

(7) $(Z|w)=(X|w)-(p-p_0)(a|w)$, $p_0=$ const., woraus

(8) $(Z'|w)=-(p-p_0)(b|w)$, $(Z'|Z')=-(p-p_0)^2$ folgt, d. h. diese Kurven haben zu den Hauptnormalen von (X) parallele Tangenten und sollen deshalb ls Filarevolventen von (X) bezeichnet werden. Sie liegen bei den Schraubenlinien (L_i) in isotropen, bei den Schraubenlinien (M_i) in anisotropen Ebenen. Bei den anderen Kurven sind nach (3):

(9) $$(a|w)=\sqrt{-1}\,(b|w);\ (\beta|w)=\frac{R}{p-p_0}\left(\tfrac{1}{2}\Phi a-c|w\right);$$
$$(\gamma|w)=\frac{R\sqrt{-1}}{p-p_0}\left(\tfrac{1}{2}\Phi a+c|w\right)$$

---

[1]) Vgl. E. Study [L. 4] § 5 sowie H. Beck, Zur Geometrie in der Minimalebene. Sitzungsberichte der Berl. math. Gesellsch. Jahrg. 12 (1913) S. 14—30.

die Einheitsvektoren der Tangente, Hauptnormalen und Binormalen, sowie

(10) $$\frac{1}{R^2}=\frac{\Phi}{(p-p_0)^2}, \quad \frac{1}{T}=\frac{\Phi'}{2(p-p_0)\Phi}.$$

Die Binormale (9) ist, wie im anisotropen Falle, zur rektifizierenden Kante der Gratlinie (X) parallel, und da die Krümmungsachse von (Z) durch den Punkt X geht, so ist die rektifizierende Kante selbst Krümmungsachse, die rektifizierende Fläche $[R]$ die Polarfläche, die Gratlinie von $[R]$ — falls sie existiert — die Polarkurve von (Z). Die Gratlinie existiert nicht im Falle $\Phi' \equiv 0$ — die rektifizierende Fläche $[R]$ der Schraubenlinien (L_i) und (M_i) ist ein Zylinder —, sowie im Falle $\Phi'' \equiv 0$, $\Phi = a(p+\beta)$, $a \neq 0$, wo nach Nr. 21 $[R]$ ein Kegel mit der Spitze $(S/w) = (X/w) - \frac{2}{a}\left\{\frac{1}{2}\Phi a + c/w\right\}$ ist. Die Filarevolventen einer Kurve der durch diese Invariante Φ bestimmten Kurvenklasse haben den Punkt S zum festen Mittelpunkt der Schmiegkugeln, sind also selbst Kurven auf Kugeln von endlichem oder verschwindendem Radius. In der Tat ist nach (7): $(Z-S/w) = (p_0+\beta)\,(a/w) + \frac{2}{a}\,(c/w)$, also $(Z-S/Z-S) = -\frac{4}{a}\,(p_0+\beta)$, womit das eben abgeleitete Resultat bestätigt ist. Die Hauptnormalen der betrachteten isotropen Kurven sind aber nach Nr. 21 zugleich Flächennormalen des Kegels, und es besteht somit eine Analogie mit den nicht isotropen geodätischen Linien auf Kegeln, deren Filarevolventen nach einem bekannten Satze ebenfalls sphärische Linien sind.

In den übrigen Fällen ($\Phi'' \not\equiv 0$) hat die Fläche $[R]$ eine unebene nicht isotrope Kurve zur Gratlinie, und diese ist gemeinsame Polarkurve aller Filarevolventen von (X).

Erklärt man den Krümmungsradius der Filarevolvente (Z) durch

(11) $R(p)=\frac{p-p_0}{\sqrt{\Phi}}$, so ergibt sich aus (10) folgende Beziehung zwischen R und T:

(12) $$R(p)-(p-p_0)\frac{dR(p)}{dp}+(p-p_0)^2\frac{R(p)}{T(p)}=0$$

als notwendige Bedingung dafür, daß die Kurve (Z) Filarevolvente einer isotropen Kurve sei. Führt man den Bogen von (Z) als Parameter ein, also

(13) $\frac{ds}{dp}=(p-p_0)\sqrt{-1}$, $s-s_0=\frac{1}{2}(p-p_0)^2\sqrt{-1}$, wobei die Stelle p_0 auszuschließen ist, so geht (12) über in die Gleichung:

(14) $$R(s)-2(s-s_0)\left\{\frac{dR(s)}{ds}+\sqrt{-1}\,\frac{R(s)}{T(s)}\right\}=0,$$

die nun auch für die in Rede stehende Eigenschaft von (Z) **hinreichend** ist.

Soll nämlich eine gegebene nicht isotrope, unebene Kurve (Z) Filarevolvente einer isotropen Kurve (X) sein, so muß sie auf deren Tangentenfläche liegen und sie zur Begleiterkurve haben, und es muß (X) in der Form $(X/w) = (Z/w) + R\left(\beta - \sqrt{-1}\,\gamma/w\right)$ darstellbar sein. Fordert man dann noch, daß die Hauptnormalen von (X) zu den Tangenten von (Z) parallel seien, so führt dies genau auf die Gleichung (14).

Die Gleichung (14) charakterisiert also, bis auf die Ausnahmefälle $\Phi' \equiv 0$, **die Filarevolventen isotroper Kurven.**

FSC
www.fsc.org
MIX
Papier | Fördert
gute Waldnutzung
FSC® C083411

Zeitfracht Medien GmbH
Ferdinand-Jühlke-Straße 7
99095 Erfurt, Deutschland
produktsicherheit@kolibri360.de